AF233282

LETTRE
DE MADAME DE***
A MADAME
LA MARQUISE DE***

Sur la conception, la reflexion, le jugement, les actions, & le langage des Bestes.

A LA HAYE

M. DCC. XLVIII.

à MADAME

LA MARQUISE DE***

À LA HAYE

M. DCC. XLVIII.

LETTRE

DE MADAME DE ***

A MADAME LA MARQUISE DE***

SUR la Conception, la Réflexion, le Jugement, les Actions &
le Langage des Bêtes.

J'Ai lû avec toute l'attention possible, le Traité que vous m'avez fait remettre ; intitulé *Essai d'Explication Phisique sur le premier Chapitre de la Genese, suivant les principes de Descartes.* Je n'ai jamais rien vû de si pitoyable : je vous renvoye ce mauvais Livre. Je n'ai pû me résoudre à faire les remarques que vous me demandés sur chaque Section, mais, pour ne pas vous défobéïr tout à fait, je me suis arrété à la 299. page, où l'Auteur soutient *que Descartes a eu raison de dire que tous les animaux, à la réferve de l'homme, ne font que des automates, de vraies machines, dans lesquels tout est matiere* ; quoi qu'ajoûte-t-il, *le Texte facré leur donne le nom* D'ANIMA VI-VENTIS.... ce qui n'est que la matiere, qui pour être un peu plus subtilisée & plus épurée, n'en n'est pas moins, matiere incapoble de penser.

A

Ainſi ce Phyſicien ſcolaſtique , ſe donnant la licence d'inter-
prêter l'Ecriture Sainte ſelon ſes petites idées , prétend que
Moyſe s'eſt trompé , & que la compoſition de l'homme n'eſt
pas de la même étoffe que celles des bêtes.

J'ai crû juſqu'à préſent , d'après les Sages , qu'il n'y avoit nulle
différence entre la matiere qui me conſtitue , & celle qui forme
un cheval , un oiſeau , un poiſſon , un arbre & tout les mixtes
quelconques. Je me ſuis confirmé dans cette erreur , ſi c'en eſt
une ; par la décompoſition & l'analiſe , elles m'ont prouvé que
toute la différence des êtres en général , ne conſiſte que dans la
modification & proportion des cinq principes développés , or-
ganiſés & animés par l'eſprit univerſel , dans la matrice de chaque genre.

Les Anatomiſtes ſe ſont appliqués à conſidérer les inſtrumens
de la génération ; ils ont bâti différens ſiſtêmes qui ſe contre-
diſent ; mais , aucun n'ont mis au nombre de leurs ſuppoſi-
tions *la putrefaction* , qui eſt l'image du cahos où s'opere la ſé-
paration du pur , de l'impur ; & le dévelloppement des formes
par la réunion des principes homogenes , & de l'eſprit univerſel qui anime & vivifie tout , ſelon les moules déterminés au
premier jour par le Créateur.

Je ne m'arrêterai pas aujourd'hui à conſidérer la compoſition des ſémences , des œufs & des graines ; J'en ferai la matiere de la premiere lettre que je vous adreſſerai. J'obſerverai
ſeulement dans celle-ci , que ces extraits des êtres renferment
uniformement les cinq principes actifs & paſſifs , élaborés par
les organnes de chaque individû générateur , où ſe diſpoſent ,
ſe filtrent , ſe ſéparent & ſe proportionnent les qualités & quan-
tité propres à la réproduction , ſelon l'arrangement & la contexture des mixtes dont il procédent : ainſi je m'en tiendrai à
l'expreſſion du Texte ſacré , qui qualifie préciſément les bêtes
d'Anima viventis , je prouverai , que ſortant de la même ſour-
ce que nous , elles penſent , elles jugent , elles agiſſent conſé-

quemment ; & que plufieurs d'entr'elles parlent un langage in-
telligible aux hommes qui veulent l'apprendre.

L'homme eft un des plus parfaits ouvrages du Créateur, fa
figure eft belle, fes parties interieures admirables, quoique
femblablement organifées que celles des autres animaux : il eft
fufceptible d'actions, d'idées & d'opérations du premier ordre ;
parce que Dieu l'a douéfpécialement d'une ame immortelle qui le
rend fupérieur aux autres créatures : mais à quoi fert au plus grand
nombre cette prérogative, puifqu'il ne fçait pas en jouir felon
l'intention de l'Auteur ? à peine fort il de l'adolefcence, que
malgré l'éducation & les bons exemples qu'on prend foin de lui
donner, il fe livre aux paffions les plus déreglées, à toutes for-
tes de volupté & d'égarement que l'âge ne fait qu'augmenter,
& qui conftitue enfin, non un homme, ni une bête dans l'ordre ordinaire ; mais, un monftre plus horrible & plus dangéreux
pour la fociété, que ceux du nil ou du niger.

C'eft ainfi que cet être enrichi d'une ame immortelle, fe dégra-
de, qu'il rend fa faculté diftinctive incapable de le gouverner,
l'abforbant dans la chair & dans le fang, & n'en faifant ufage
que pour donner plus de méthode à fa férocité & à fes injufti-
ces. C'eft ainfi qu'il perd fon droit de Souverain de toutes les
créatures, qu'il fe reprouve lui - même, & qu'il devient moins
confidérable qu'un cheval ou un barbet bien dreffé.

Lorfque les Européens pénétrerent dans l'Amérique occiden-
tale, ils y trouverent des peuples qui n'avoient nulle apparence
des notions que nous avons de l'humanité. Comme ils avoient
peu de befoins, leur idée & leur langage étoient extrêmement
bornés ; plus cruels que les tigres & les ours, encore aujourd'hui
les vainqueurs dévorent les vaincus. Depuis près de trois fiécles
que les François & les Anglois y ont fait des établiffemens, &
qu'ils y ont introduit des Miffionnaires, le Barbarifme n'eft que
foiblement diminué.

Un homme fourd & muet ne peut guere multiplier fes connoissances. Si à ces deux infirmités la privation de la vûe est jointe, cet homme n'est qu'un automate sensitif, sans notions, sans action relative, il ne peut ni réfléchir, ni juger; il est douteux qu'il pense; l'éducation ni l'expérience n'ayant pas disposé ses organes.

Les poissons parcourent en tous sens l'élément humide, par le moyen de leurs nageoires & de la vessie qu'ils gonflent & affaissent à leur volonté, pour s'élever & descendre à tel degré que leurs besoins & les objets extérieurs l'exigent; ils cherchent ce qui leur convient, ils évitent les dangers. N'ont-il pas plus de faculté que l'homme sourd, muet & aveugle? Ils voient, ils entendent, ils agissent conséquemment; donc qu'ils pensent réfléchissent & jugent.

Un vieux levrier rusé, lorsqu'il ne peut plus agir de vitesse, il laisse aux jeunes le soin de poursuivre le lievre dans la plaine, mais l'expérience lui ayant appris que cette bête timide se sauve toujours vers les remises, il va en ligne droite attendre la proye, & il la saisit; pour en agir ainsi, ilfaut nécessairement qu'il pense, qu'il réfléchisse & qu'il juge, afin de pouvoir exécuter en conséquence.

L'éléphant, cette masse énorme, est comme un homme muet qui a de l'esprit; il entend, il pense, il juge & fait ce qu'on lui ordonne avec la derniere exactitude; Il suffit de lui prescrire distinctement les choses les plus difficiles, il les exécute souvent mieux qu'un esclave de qui l'on exigeroit le même service.

Les objets extérieurs s'impriment sur la retine des animaux, comme sur celle des hommes; le son operé par les vibrations qui agitent l'air, s'insinue également dans les organnes acoustiques de l'homme & de la bête.

C'est principalement par l'impression qui se fait sur ces deux extrémités supérieures du genre nerveux, les yeux & les oreilles; que tous les animaux y compris l'homme, sont déterminés à penser juger & agir.

Le méchanifme du cerveau & du cervelet, eft auffi impéné-
trable que le ciel empiré : les plus habiles Aftronomes ne connoiffent que les globes céleftes, leurs fatelites, le zodiaque, les
étoiles fixes, &c. mais, ils ignorent ce qui eft au-de-là. De même, l'anatomifte connoît parfaitement l'admirable organifa-
tion de la vûe, de l'ouïe & des fibres qui en dépendent ; il en
développe les traces jufqu'à leur infertion dans les molecules,
mais il ne peut les fuivre plus loin. Il ne peut non plus rien dif-
tinguer dans la contexture du cervelet : il juge feulement que ce
qu'il y voit, eft un compofé tendre & délicat, formé de la plus
pure fubftance du fang ; que c'eft-là le réceptacle des efprits animaux qui comme l'air fubtile, font mis en mouvement par la
moindre impreffion.

L'exercice réïteré, imprime des traces profondes dans ces
molecules, & plus cet exercice eft fréquent, plus l'image
s'imprime, plus auffi les fibres deviennent flexibles à l'écoule-
ment de ces efprits formés de la limphe fublimée ; ce font eux qui
parcourent les fibres avec une extrême viteffe, mettent les ref-
forts en mouvement relativement aux objets exterieurs ; & plus
ces mouvemens font réïterés, plus les actions qui en réfultent font
vives, exactes & parfaites. C'eft pourquoi les perfonnes qui s'ap-
pliquent à un art y réuffiffent avec facilité & dexterité ; & pa-
reillement un chien, un cheval, un finge, &c. étant bien dref-
fés, deviennent impayables par un long exercice.

Si l'on vouloit qu'un Laboureur trouva dans un bloc de mar-
bre une *Venus*, ou qu'un vieux cheval de charue voltigea à l'A-
cadémie ; ni l'un ni l'autre ne réuffiroit, parce que leurs organi-
nes n'ont jamais reçués d'impreffion à cet égard : cependant
l'un & l'autre auroient pû exceller, fi dans l'âge où les molecules du cerveau, les fibres & les mufcles font fufceptibles d'impreffion, ils avoient été exercés.

De ces démonftrations il fuit que les bêtes qui font de même
matière que l'homme, penfent, réflechiffent, jugent & agif-

sent chacun conformément à leur constitution respective , relativement à l'économie variée de leurs organnes. C'est dans ce
sens que l'on doit entendre *l'Anima viventis* du Texte sacré.
Mais Dieu ayant considéré l'homme comme le chef-d'œuvre de
la création , & l'ayant formé pour le rendre le maître & le Sei-
gneur de tous les êtres ; indépendamment de la faculté sensiti-
ve , & vegetative qu'il a de commun avec toutes les créatures
du genre animal ; il l'a doué spécialement d'une ame immortelle , capable de le connoître , de l'adorer & de gouverner le
domaine du globe terrestre & de toutes ses dépendances : aussi
l'homme bien conformé, qui dès l'âge le plus tendre , s'est ap-
pliqué à cultiver les ressorts de sa conception & de son jugement ;
perce-t-il dans les mystéres les plus cachés ; il connoît toutes les
merveilles de la nature , & par ces connoissances , rien ne lui
est impossible , & il peut user de la superiorité qu'il a sur toutes
les autres créatures.

Le plus grand besoin des bêtes est la nourriture : celles qui
joüissent de la liberté , en trouvent abondamment sur la terre :
celles qui sont au service des hommes , sont réciproquement
servies par eux ; & il ne leur manque rien ; ainsi, ni les privées,
ni celles qui sont libres , n'ont pas besoin d'un grand nombre de
mots pour demander ce qui leur est nécessaire, ou pour le gou-
vernement de leurs républiques , ou pour se faire entendre des
hommes , comme elles ne possedent rien , que quand leurs enfans peuvent marcher , voler ou nager ; elles n'ont aucune inquiétude de leur établissement , l'héritage commun étant suffi-
sant pour le bien être de tous : elles en joüissent paisiblement ,
elles suivent exactement les Loix de la nature : plus sages que
nous , elles se contentent de peu , satisfaites de leur état , elles ne cherchent pas à s'élever aux dépens de leurs pareils par toutes sortes d'injustices.

Les bêtes qui sont parmi nous, ne corrompent pas leur ca-
ractère ; si l'éducation qu'on leur donne, les rend familieres ;

elles n'en abufent pas, attachées à leurs maîtres, elles leur font fidéles, elles en donnent des preuves, par leurs actions, elles expriment leurs fentimens par leur langage. Mais fans entrer dans un détail trop long de leurs qualités, de leur genie & de leur caractere, je vais feulement vous faire remarquer, Madame, de quelle façon elles fe comportent, penfent, réflechiffent, jugent & agiffent, & comme elles s'expriment dans leur langue particuliere.

Le Cocq, l'animal le plus audacieux des volatiles, eft complaifant pour les poulles ; s'il trouve quelque chofe à fon goût il s'en prive ; il appelle fes femelles pour le leur partager : il prononce ces mots, *toc, toc, toc* : cela fignifie, *Venez, mes chéres compagnes*. Elles s'affemblent auffi-tôt autour de lui. Alors il divife & leur fert le morceau friand fans s'en réferver, mais fi dans le nombre de fes Sultanes, il y en a une favorite, il lui fait la plus groffe part, ou il écarte poliment les autres, pour que celle-ci profite de tout.

Les poulles qui ont des enfans en ont un foin très-particulier ; elles les fuivent inceffamment de l'œil, & pour qu'ils ne s'écartent pas, elles leur repetent fréquemment *cloc, cloc, cloc* ; ce qui revient à ces mots ; *Suivés-moi, ne vous écartés pas*, ils obéïffent. Si elles apperçoivent un oifeau de proye, ou quelques objets qui leur faffent craindre pour eux ; auffi-tôt elles leur difent avec vivacité, *cro, cro, cro* ; ce qui fignifie, *fauvons-nous* : auffi-tôt ils précipitent leurs pas, & vont fe cacher. Lorfque le Cocq furveillant, apperçoit auffi quelque chofe qui lui paroît dangereux pour fa famille, il l'en avertit par ce mot *crüe*, qu'il prononce d'une voix forte & aigre ; à l'inftant toute la gente volatile fe tient fur fes gardes. Si la poulle nouriciere trouve du grain en grattant le fumier, elle en avertit fes enfans par ces mots, *kic, kic, kic, kic* ; qui veulent dire, *venés mes petits, voila du bon bon* ; ils accourent, & elle le leur partage.

B

L'efpéce dindonniere, retient toujours les manieres fauvages de fon origine ; les mâles & les femelles font moins familiers que ceux de l'Europe; le Cocq de cette efpéce conferve avec fes femmes un air de gravité ; il n'eft ni fobre ni poli ; lorfqu'il lui prend des défirs de propagation, il éleve fa voix enrouée, il chante, & répete ces parolles tendres, *g'ou*, *glou*, *glou*, *glou*; enfuite il s'approche de celle qu'il veut careffer, il tourne autour d'elle, il étale fa queue, alonge fa roupie; il roidit fes aîles qu'il frotte par l'extrémité fur la terre, en regardant fa femelle d'un air paffionné; il lui dit par intervale *fut*, *fut*, *fut*, qui fignifie, *que vous êtes aimable*, *que je vous aime !* Elle attendrie, vaincue par ces parolles éloquentes, refte imobile; il fe prépare gravement à l'acte : enfin l'amour allume & éteint fon flambeau. La mere couve & conduit fes enfans, mais, avec moins d'attention & de tendreff que la poulle commune, néanmoins pour qu'ils ne s'écartent pas d'elle, elle les appelle fouvent en ces termes, *krouv*, *krouv*, *krouv*, *krouv*.

Lorfqu'une perdrix conduit fa couvée, elle la tient ferrée près d'elle par ces mots, *kio*, *kio*, *kio*; fi elle apperçoit un oifeau de proie, elle leur dit *kro*, *kro*, *kro*. Dans l'inftant tous les pouffins fe cachent; fi elle trouve quelques fourmilieres, elle leur dit *kic*, *kic*, *kic*; fi le mâle & la femelle font pourfuivis, & que leurs Enfans ait des aîles, ils s'élevent en leur difant *ké*, *ké*, *ké*, *ké*. Cela fignifie, *fauvons - nous promptement*. Quand le danger eft paffé, pour fe rejoindre ils prononcent à haute voix, *kirouvit*, *kirouvit*, *kirouvit*, ce qui veut dire, *où êtes-vous*, *raffemblons-nous*. Mais ce qui fait connoître le fingulier attachement de ces animaux pour leur progeniture, & en même tems qu'ils favent juger du danger qu'elle court quand un chien quefte, qu'il s'approche de leur remife, & que les perdreaux ne font pas encore en état de s'élever; pour faire prendre le change à l'ennemi, la mere vole bas du côté oppofé à l'endroit où font ses enfans, elle s'expose même au coup de fusil pour les sauver.

Le Moineau amoureux exprime vivement sa tendresse à sa femelle par ces paroles *grovvi, grovvi, grovvi*; elle sensible lui repond avec langueur en battant des aîles *qui, qui, qui, qui, qui*; l'on conçoit aisément que growi, growi, growi; signifie, *que vous êtes charmante, que mes feux sont ardens*; & que qui, qui, qui, qui, qui; veut dire, *je vous aime passionnement, j'expire de plaisir*. Cette espéce a plusieurs autres mots convenables à leurs besoins.

Le Pigeon est plus causeur que sa femelle, il lui explique ses tendres sentimens par ces paroles, *avvoue, avvoue, agrovvoue*, il joint à ce langage des expressions & des façons passionnées qui attendrissent sa belle, & qui l'engage d'y répondre avec la derniere complaisance, leurs becs se joignent, leur volupté s'accomplit.

Un chien de chasse qui tient des perdrix en arrêt, juge qu'il faut demeurer immobile, jusqu'à ce que son maître soit assez proche, pour qu'il s'élance brusquement afin de les faire partir; si elles partent trop tôt par son imprudence, il ne s'approche du Chasseur qu'en tremblant, jugeant encore qu'il a mérité d'être châtié : mais si le coup de fusil a eu du succès, il va ramasser le gibier & le rapporte avec un air de satisfaction.

Combien les Braques & les Barbets ne sont-ils pas admirables par leur adresse, leur génie, & leur fidelité ? Quelle délicatesse dans les organes de leur odorat ? Quelle admirable & prompte correspondance entre les ressorts de ce sens, & ceux du jugement pour les déterminer dans un instant à suivre, sans se méprendre, les traces des corpuscules de l'insensible transpiration que les hommes & les bétes laissent dans leur passée, & qui malgré l'éloignement, & mille objets divers leur sert de guides pour retrouver leur maître, & leur maison: je passerai sous silence, les remarques que j'ai faites sur une infinité d'autres

animaux ; j'ai suffisamment prouvé en général parce que je
viens de rapporter, leur intelligence, la certitude de leur reflexion, & de leur jugement: Je terminerai cette lettre par quelques observations qui en résulte.

Si les Bêtes n'étoient, selon Descartes & ses Sectateurs, que
des machines matérielles, comme une pendulle la plus artiste-
ment composée, & la mieux reglée, elles n'auroient que des
mouvemens perpétuellement uniformes, sans relation avec les
circonstances extérieures: elles ne connoîtroient ni le danger,
ni les moyens de l'éviter ; elles n'auroient aucun sentiment d'a-
mour, de crainte, d'inquiétude, & de précaution pour elles-
mêmes, pour leurs enfans, & pour leur maître : on ne pourroit
les instruire, elles ne comprendroient pas ce qu'on l ur diroit,
ce qu'on leur ordonne de faire ; elles n'agiroient point conséquemment : elles ne converseroient pas entr'elles pour leurs besoins, & leur conservation : elles ne s'appercevroient pas de la
différence des objets, & ne pourroient unir toutes ces choses à
leurs mouvemens pour former l'action relative à elles-mêmes,
aux tems, aux lieux, aux circonstances, & au commandement.

Le Chien ne jugeroit pas de l'éloignement, ou de la proxi-
mité du Chasseur, ni de l'instant précis où il faut faire lever le
gibier pour que le coup de fusil porte : il ne craindroit pas,
ayant fait trop précipitamment prendre la volée aux Perdrix,
d'être châtié, il ne distingueroit pas celle de la bande qui seroit
tombée sous le coup ; il n'iroit pas là chercher avec plaisir pour
la rapporter à son maître, & en être récompensé par des caresses.

L'on opposera peut-être, que c'est à force de coup de foüet
qu'on vient à bout de le dresser ; mais je répondrai qu'il faut nécessairement qu'il combine l'idée du châtiment & des caresses,
& qu'il juge que pour n'être pas châtié, qu'il faut qu'il se con-
forme aux instructions qu'il a reçûes Combien y a-t'il d'hom-

mes châtiés, ou récompensés qui ne font pas ce qu'on exige d'eux, & qui n'obéissent, & ne se corrigent jamais ? A l'égard de la Perdrix qui se présente devant les Chiens pour les mettre en défaut, & les éloigner de sa famille ; il faut pour une détermination si tendre, un jugement prompt. Le Cocq & la poulle ne marque pas moins d'intelligence, soit dans les égards du masle pour la femelle, soit dans les attentions de celle-ci pour les enfans qu'elle couve, qu'elle conduit, qu'elle instruit, & qu'elle garantit des dangers jusqu'à ce qu'ils soient en état de se gouverner eux-mêmes.

Si un Castor n'étoit qu'une machine, on ne le verroit pas en habile architecte bâtir solidement un fort pour sa retraite, y construire deux étages pour prévenir le reflus des eaux : employer pour la manœuvre, des ouvriers de son espece, qui entendent & exécutent le commandement, qui abattent des arbres, & les ébranchent, qui les transportent avec les matériaux nécessaires à l'édifice. Pourroient-ils agir ainsi, s'ils n'avoient de la conception, de la reflexion & du jugement ? Sans ces facultés dans un Rossignol, le verroit-on avec complaisance ne jamais quitter la circonférence du lieu où sa femelle est occupée à couver sa progéniture, & la charmer par la mélodie de son ramage afin de dissiper son ennui ?

Si les Oiseaux en général qui nourrissent leurs petits manquoient de sentimens raisonnés, se donneroient-ils la peine de chercher sans cesse des insectes & du grain pour les nourrir ? Et lorsqu'il les leur apportent dans le nid, s'ils ne refléchissoient, & ne jugeoient; au lieu de disperser cette nourriture à chacun d'eux l'un après l'autre ; ils la donneroient au plus fort qui se présenteroit toujours pour recevoir la becquée, les plus foibles & les plus timides périroient.

La police & la surbordination qui s'observent dans la Republique des fourmies, & des mouches à miel, ne sont-elles pas des preuves de la réflexion & du jugement de ces infectes ?

Les Kubalots & les Singes qui habitent près d'Hovalada en Afrique, donnent des marques non équivoques de leur reflexion & de leur jugement. Les Kubalots du genre volatil, pour garantir leur progeniture de la malice des Singes, fufpendent leurs nids à l'extrémité des arbres qui bordent le Sénégal ils les attachent en forme de lampes aux branches qui jettent leurs rameaux au-deffus de ce fleuve ; cette pofition reflechie empêche les Singes d'y approcher ; ces animaux fpirituels s'apperçoivent aifément de l'embuche, ils conçoivent que les branches trop foibles cafferoient par le poids de leur corps, qu'ils tomberoient infailliblement & fe noyeroient ; ainfi ils laiffent en paix les Kubalots. Ces précautions & ces méfiances refpectives, ne marquent-elles pas de part & d'autre des idées & des combinaifons du reffort de la penfée & du jugement.

Ce font les Elephans qui ont découvert le fel *de Nogne*, le plus puiffant contre-poifon qu'il y ait fur la terre. Lorfque ces animaux font bleffés de fléches empoifonnées par les Négres, ils ufent auffi-tôt de ce fel, & dans l'inftant ils font guéris ; les hommes à leur exemple en font ufage avec un égal fuccès. *

Les Chiens n'ont pas befoin de médecins, s'ils font malades ils cherchent du chiendent, ils le connoiffent pour un fouverain fpecifique.

N'eft-ce pas l'araignée, ce vil animal qui a fait imaginer aux Chaffeurs de tendre des toiles pour prendre le gibier ?

Le formicaleo donne-t'il moins de preuve d'une idée, & d'un jugement fuivi dans la maniere de pourvoir à fa fubfiftance ? N'eft-ce pas de lui que nous tenons la façon ennuyante de chaffer dans les garennes ? Tous le monde fçait que malgré la petiteffe de cet animal, il creufe dans le fable une foffe circulaire en forme de cofne renverfé, il en laboure les parois pour les

---

* Hiftoire générale des Voyages, pag. 318. tom. 8.

rendre extrêmement meubles ; après quoi se tenant caché dans le fond il attend que quelque grain croule & l'avertisse qu'une fourmie curieuse visite son travail ; aussi-tôt il s'élance sur elle, il la suce, il jette son cadavre dehors ; il rétablit sa passée, & se cache de nouveau pour attendre une autre proye.

Je ne finirois pas, Madame, si je traçois tout ce qu'on peut dire sur le génie, l'adresse, le caractere & les sentimens des Bestes ; tout en elles prouve évidemment qu'elles pensent, qu'elles reflechissent, qu'elles jugent, qu'elles parlent & qu'elles agissent conséquemment.

J'ai l'honneur d'être, &c.

www.ingramcontent.com/pod-product-compliance
Lightning Source LLC
LaVergne TN
LVHW021734030726
842523LV00004B/1424